作者序 ● Preface

一個版型只能做一個包？好不容易設計的版只能用一次？難道不能作兩個？可是，兩個會一樣耶！又不是要量產，也沒有要送很多人啊！真的好可惜喔！

這樣的OS是不是常常會出現在你我的心中，為什麼一個版型用完一次就束之高閣，除非有訂單，或者拿來教學，但做出來的還是一樣的包款！我們能不能有別的創意，將同樣的版型變化出不同的包款，甚至是三種、五種以上呢？難道我們自己動手做的用意不是想跟別人不一樣嗎？

到底同樣的版型，要如何做出兩樣風情呢？曾經這樣思考過嗎？或是曾經也做過這樣的創舉呢？這些想法促使本書的生成，希望帶大家從打版開始，進而打破既有的概念，就算是使用市面上的版型，都能創造出屬於自己的獨特包款。

本書將會使用市面上常見的包款作為範例，並使用同樣的版型，衍生出不同的款式，讓大家有更多的思考空間，去做創意發想。原來這麼久以來的想法，終於有落實的一天，也期待本書能讓大家發揮更多的創「藝」，創造出讓自己出乎意料的包款與作品。

目錄 • CONTENTS

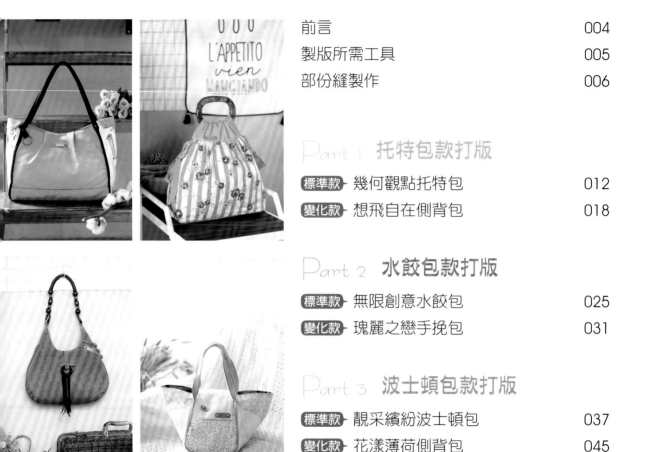

前言 ● Foreword

本書共分為工具篇、部份縫製作篇以及七大包款打版獨立單元。

部份縫製作篇為製作各包款時可能製作到的部份示範集結；七個獨立單元則以包款作為區分，循序漸進由簡入繁，每一個單元的第一款包都是標準示範版，第二款包則為同版變化款，可以改變成完全不同外型的包款。初學者建議由第一單元開始練習，熟手則從任何一單元開始，都能激盪出不同的創意，創造出屬於自己風格的任何版型與包款。

本書包款大小的訂定，尺寸怎麼來的，或是一些基本的計算方式均不再詳述（請參照作者第一本基礎打版書：袋你輕鬆打版。快樂作包），重點著重於畫出版型後，用同樣版型設計成不同的包款。附錄並附上實際版型作為參考運用。

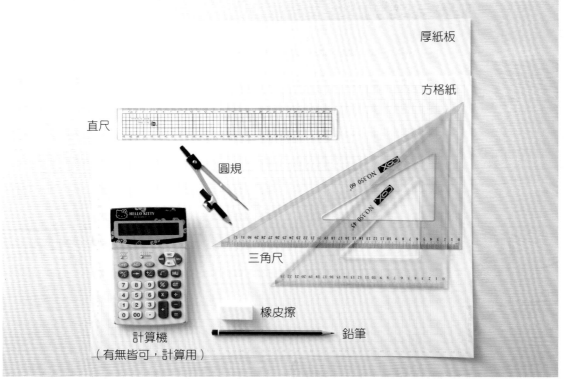

厚紙板

方格紙

直尺

圓規

三角尺

計算機
（有無皆可，計算用）

橡皮擦

鉛筆

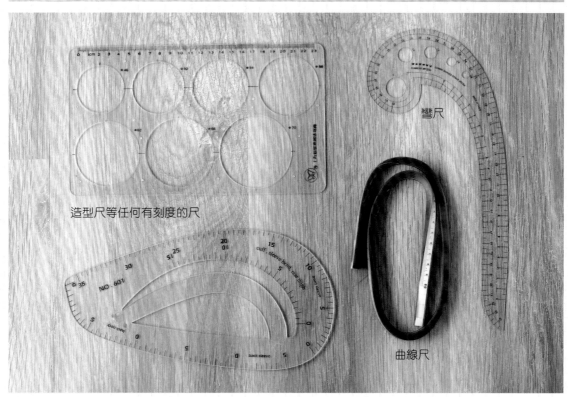

造型尺等任何有刻度的尺

彎尺

曲線尺

部份縫製作

❖ 拉鍊口布

1 準備拉鍊以及表裡布各兩片。

2 拉鍊可以貼上布用雙面膠固定，裡布貼在拉鍊背面，表布貼在拉鍊正面。夾車拉鍊，縫份0.7cm。

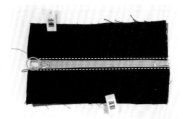

3 拉鍊兩側相同作法，翻回正面壓線，完成拉鍊口布的製作。

❖ 貼式口袋

1 將一片布對折，三邊車縫，一邊留3～4cm返口。※亦可兩片布對齊，四邊車縫，留返口。

2 從返口翻回正面，上端壓線。

3 將其他三邊車縫固定在表布上，上端兩側車一小斜角加強固定。

❖ 立體口袋

1 前面的步驟同貼式口袋。立體製作的方式，僅在一側或兩側多車一道線，側邊距離依照自己想要的立體大小決定，將側邊折到後方車縫一道線。

2 翻到正面時看起來就會像右側方有一條突起的線。

3 擺放在表布要車縫口袋的位置，先在側邊車一道線。

4 側邊上方車縫小三角加強固定。

5 其他兩邊再車縫固定，另一側上端也車縫小三角固定，這樣的作法可以讓口袋容量更大，只做單邊或做兩邊皆可，看設計者的需求。

♣ 一字拉鍊口袋

1 將一片裡口袋布跟表布固定，上端畫一個一字方框，大約是1cm×（拉鍊長度＋0.5cm）的大小。拉鍊貼上水溶性雙面膠備用。

2 將方框車縫起來，中間畫直線，兩端畫Y字線，並剪開，勿剪到車線。

3 將裡口袋布從方框處翻出。

4 整個翻到背面，整燙一下，讓方框定型。

5 拉鍊貼在方框後方，正面沿拉鍊邊車縫方框。

6 翻到背面，將口袋對折，車縫口袋三邊固定。

♣ 一字隱藏口袋

1 前面開一字的方式同一字拉鍊，不同的是僅需將後方的內袋布，上下平均分攤，填滿一字框。並在正面車縫方框四周，背面與一字拉鍊作法相同，將口袋布車合。

2 單邊的隱藏口袋也是相同作法，只有部分不同。①上布向下燙。

3 ②下布向上燙。※這三種隱藏式口袋，就可以不用作拉鍊，也同樣具有隱藏的功能。

♣ 鬆緊口袋

1 需要準備比鬆緊帶長1～3倍的布片、鬆緊帶、穿繩器。

2 使用單層布片將一邊折燙兩折，寬度至少可以穿過穿繩器，並沿邊車縫固定。

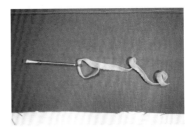

3 將鬆緊帶穿到穿繩器的尾端。

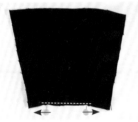

4 邊穿鬆緊帶邊調整摺子。

5 一般鬆緊口袋大多車在側身較多，因此置於表布後先車固定左右端。

6 左右兩端先車縫，再車底部，因為底部較長，因此底部可作數個摺子，形成一個立體的鬆緊口袋。

♣ 摺子摺法

1 ①外摺：將摺子向兩側的摺法，僅需在底邊車縫一道線固定。

2 ②內摺：將摺子向中間摺好，同樣在底邊車一道線固定。

3 ③直接車摺：先畫上一個尖銳三角形，大小端視包款大小，以及想要呈現的樣式決定。

4 將三角形的部分對折，翻到背面車縫小三角斜邊。

5 車縫好背面呈現的樣子。

6 正面就會形成這樣的摺子。
※各種摺子的車法，都可以運用在設計上。

❧ 提把作法

1 將長形布條向中心折燙。

2 再對折後，珠針暫固定。

3 在兩側車縫壓線。※這種方式的
提把運用相當廣，可以變化出很多
種提把設計。

❧ 背帶作法

1 將日型環穿到背帶中。

2 翻到背面，內折車縫。

3 另一端穿過口型環後，再穿回
日型環，就可以完成簡單的背
帶作法。※這樣的背帶運用非常
廣，側背、斜背都能使用。

❧ 包邊－滾邊作法

1 裁剪4cm寬度斜布條接縫好，
並對折燙好。

2 置於要滾邊的部位，將側邊對
齊後，車縫拉鍊壓布腳寬度。

3 斜布條另一邊燙好折線。

4 將側邊包起來，可用夾子或珠
針固定。

5 再沿邊車縫一道壓線，背面也要車到。

♣ 包邊－人字帶作法

1 將人字帶一側置於要包邊部位的後方。

2 另一側對折好用珠針固定。

3 沿邊車縫一道即可。
※注意要慢慢車，不然很容易後端會漏針沒車好。

♣ 出芽作法

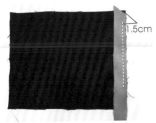  

1 出芽布的寬度一般為2.5～3cm斜布條（寬度可依照個人喜好），先將出芽布對齊表布邊，上端留1.5cm車縫固定。

2 將出芽蠟繩放在出芽布中央，上端預留布往下折。

3 再將另一側對折，可先用夾子固定。

4 沿著蠟繩邊車縫固定即可。

Part 1
托特包款打版

幾何觀點托特包

Tote Bag

geometric shape

托特包 是Tote Bag的直譯名；而Tote一字有搬運、背負、攜帶之意，因此這類包款強調的就是可以承載相當容量的一種包款。起初最常用於當購物袋使用。

托特包也是一般市面上最常見的包款，同時是大多數的手作入門包，通常是由最簡單的兩片一模一樣的版型構成，或是三片～五片版，都能作出托特包；不同的裁片或是作法，可以作出不同風格的托特包款。

繪製版型

（1）包款分析：兩片袋身與一片袋底的組合。

（2）制定袋底尺寸

（3）制定袋身尺寸

（4）計算並畫版型

◎依據自己想要的包款大小訂定尺寸。（此處不贅述詳細制定過程）

範例包款尺寸：30×33×13cm。

範例裡的包款是以袋底為主，袋身尺寸依照袋底大小來制定。

❖版型畫法

袋底

依據包款尺寸得知：袋底基本尺寸為13×30cm。

①繪製標準長框。

②定四周圓角為R＝4cm。

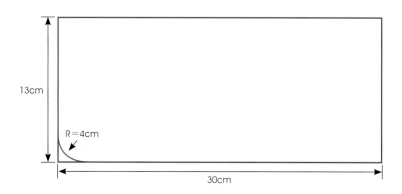

③重畫如下（也可只畫一半版型）。

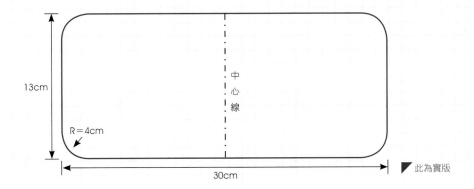

13cm

R＝4cm

中心線

30cm

▼此為實版

④計算袋底周長，得出一半的長度＝39.6cm。（此即為袋身實際的寬度）

⑤記下袋身尺寸為39.6×33cm。

袋身

①根據計算所得袋身尺寸，繪製袋身方框。

②由於設計為兩片袋身＋一片袋底的基本款，因此袋身為長方形，可直接記錄數據不畫版，也可以畫出版型如下。

③對稱的版型可只畫一半，畫全版時需標出中心線。

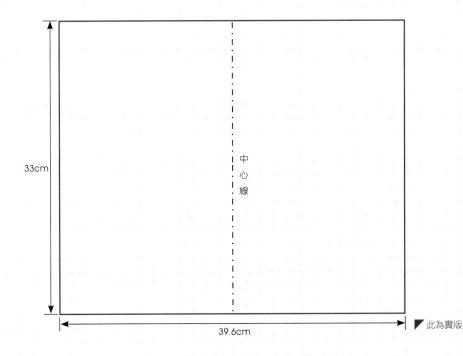

33cm

中心線

39.6cm

▼此為實版

製作包款

✤ 使用裁片

※所有裁片除標示含縫份外，一律外加縫份，貼襯與否視個人需求。

用布量：約表布2尺、裡布2尺。

（1）表袋身：33×39.6cm（依版型） 表 ×2

（2）裡袋身：貼邊　　5×39.6cm　　表 ×2

　　　　　　裡袋　　28×39.6cm　　裡 ×2

（3）提把裝飾片：依版型　表 ×8（或表 ×4、裡 ×4）

（4）袋身上裝飾片：9×14cm（含縫份）　表 ×4

（5）袋底：依版型　表 ×1、裡 ×1

（6）裡口袋：視個人需求或喜好裁片製作

（7）提把：8×50cm（含縫份）　表 ×4

紙型A
附版型

✤ 所需配材

（1）固定用的鉚釘或固定釦：8 組

（2）出芽用布與蠟繩：視個人需求製作

（3）裝飾布標或皮標：隨意

✤ 製作流程

一、製作提把裝飾片

    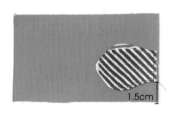

1.5cm

1 取表裡提把裝飾片正面相對車縫，留直線段不車。

2 翻回正面，沿邊壓線，共完成4組。

3 提把裝飾片車縫在袋身上裝飾片由下往上1.5cm的位置。（參考位置）

4 將4片分別車縫好,再將兩邊的縫份內折。※注意圖示車縫與折燙方向,需2組對稱。

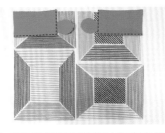

5 取1組對稱的裝飾片對齊表袋身上方兩側,壓線固定,共完成2組。

二、製作表袋身

6 將2片表袋身正面相對,車縫兩側。

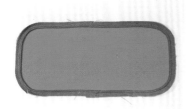

7 取袋底沿邊車縫出芽。※亦可不車縫出芽,依個人喜好。

8 袋身底部與表袋底正面相對,對齊好車縫一圈。

三、製作裡袋身

9 取貼邊與裡袋身正面相對車縫,翻回正面,縫份倒下壓線,並製作所需的內口袋。

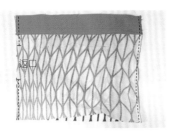

10 將2片裡袋身正面相對,車縫兩側,一側留返口不車。

11 袋身底部與裡袋底正面相對,對齊好車縫一圈。

四、組合袋身

12 取表裡袋身正面相對套合,袋口處對齊好車縫固定。

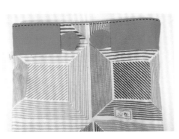

13 翻回正面,袋口壓線一圈。

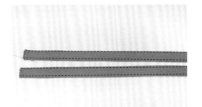

14 取提把布兩邊折向中間再對折燙平,正面壓線固定,完成2條。※亦可使用現成提把。

15 將提把置放在袋身的提把裝飾片中,反折裝飾片釘上鉚釘即完成。

變化款 # 想飛自在側背包

Shoulder Bag

at ease

繪製版型

（1）包款分析：

　　運用標準版的同款版型，將兩片袋身變化成三片裁片，與一片袋底變化成為側身的組合。

（2）制定袋底尺寸

（3）制定袋身尺寸

（4）制定側身尺寸

（5）計算並畫版型

◎範例包款尺寸：33×30×13cm

由包款分析得知變化款主要是將袋身由兩片改成三片（但原尺寸不變）的狀況來看這個示範的版型會變成如何？

原袋身版型：

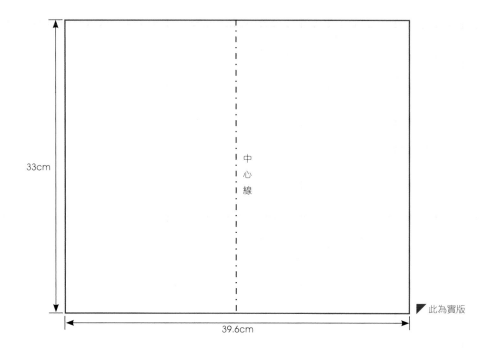

33cm

中
心
線

▼此為實版

39.6cm

變化款袋身：

將袋身片分成三個部分，並將寬跟高倒過來

→39.6＋39.6＝79.2cm

拆成三等份→底部取20cm

79.2－20＝59.2cm

59.2÷2＝29.6cm（袋身片的高度）

實際的袋身片

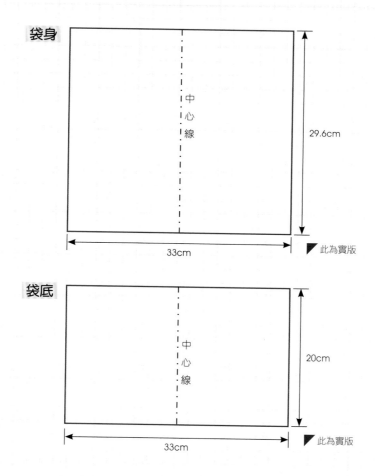

袋身

中心線

29.6cm

33cm

▶此為實版

袋底

中心線

20cm

33cm

▶此為實版

◎以上重新畫過是為了要讓大家瞭解這樣的簡單兩片式袋身可以做的變化，實際執行時，可以只畫原版型；僅需在變化款製作時，記下正確的裁片即可，當然，不熟時就畫下來，熟練後只需計算精確數字。

側身（直接使用原袋底）

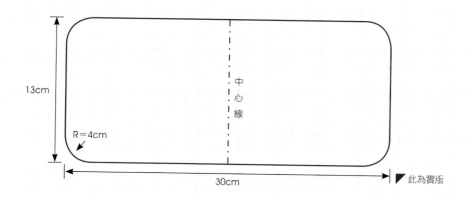

13cm

R＝4cm

中心線

30cm

▶此為實版

製作包款

✿ 使用裁片

※所有裁片除標示含縫份外，一律外加縫份，貼襯與否視個人需求。

用布量：約表布2尺、裡布2尺。

（1）表袋身：29.6×33cm（依版型）　　表 ×2

（2）裡袋身：貼邊　　　8×33cm　　　表 ×2（配合側身作法）

　　　　　　 裡袋　　 31.6×33cm　　 裡 ×2

（3）袋底：20×33cm（依版型）　　　表 ×1

（4）側身：依版型　　　　　　　　　表 ×2、裡 ×2

（裡布版需預留上貼邊高度約 8cm，以作翻出的裝飾，

也可以直接 1 片裡布翻出當裝飾，隨個人喜好）

（5）裡口袋：視個人需求或喜好裁片製作

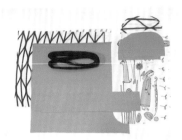

✿ 所需配材

（1）提把織帶：2.5 ～ 3cm（寬）×200cm（長）以上 1 份

（2）磁釦：1 組

（3）鉚釘固定釦：4 ～ 8 組均可

（4）裝飾布標或皮標：隨意

✿ 製作流程

一、製作表袋身

1　取表袋身在袋口處車裝飾摺子，平均車縫兩摺各3cm（或自己想做的摺子大小均可），共2片。

2　表袋身底部與袋底正面相對車縫，縫份倒向袋底，壓線固定。

3　同做法完成袋底另一邊與另一片袋身的車縫。

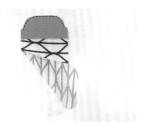

4 將提把織帶頭尾端車合後對折車好。例如使用3cm寬對折後車好成1.5cm。

5 再將提把織帶車縫袋身周圍一圈，靠近袋口處可留向下約3～5cm不車，最後釘釦固定即可。

6 整個車縫好的示意圖。

二、製作側身

7 裡側身與側身貼邊正面相對車縫，縫份倒向下，正面壓線固定。

8 取表裡側身正面相對，上端先車固定至由上往下4cm止點處。

9 兩邊止點處各剪一刀後翻回正面壓線。

三、製作裡袋身

四、組合袋身

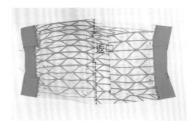

返口

10 裡袋身版若拆成貼邊＋袋身則需先車合好。與表袋身作法相同，先車好兩邊平均各3cm摺子，再製作好自己所需的內口袋。

11 將裡袋身正面相對，底部車合，留一段返口。
※注意此處由於尺寸的計算不同，只需要2片袋身，不需要袋底。如需要袋底，就與表袋身的裁法相同即可。

12 將表裡袋身正面相對，袋口處車縫，共兩處。

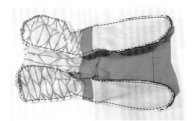

13 再與側身對齊好車合。（表袋身接表側身，裡袋身接裡側身）

14 翻回正面，袋口壓線。依圖示只需要壓兩邊，留中間摺子處不壓，讓袋身形成比較澎的可愛型。

15 裡袋身返口縫合，縫上或釘上磁釦，提把處打上鉚釘固定即完成。

Part 2

水餃包款打版

標準款

無限創意水餃包

Hobo Bag

Cymbiform

水餃包

是托特包的延伸款，之所以稱為水餃包款，是因為長得像水餃一樣的梯形袋身，卻有個很穩固的底部，也稱作船形包。容量在一般包款中，算是比較大的，因此也是眾設計師喜歡設計的包款之一。

本單元由基本的水餃包形，藉由同樣的版型，變化出不同水餃包的款式，讓創作的自由度增加，無需局限於水餃造型。

繪製版型

（1）包款分析：兩片袋身與一片方形袋底的組合。
（2）制定袋底尺寸
（3）制定袋身尺寸
（4）計算並畫版型

◎依據自己想要的包款大小訂定尺寸。（此處不贅述詳細制定過程）
範例包款尺寸：46×31×13cm。
範例裡的包款是以袋底為主，袋身尺寸依照袋底大小來制定。

♣版型畫法

袋底

依據包款尺寸得知：袋底基本尺寸為13×32cm。
①繪製標準長框。

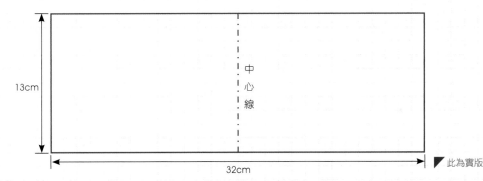

②也可只畫一半版型，折雙表示。
③計算袋底周長，得出一半的長度＝49cm（此即為袋身實際的寬度）
④記下袋身尺寸約為49×31cm。

袋身

①由於此袋底寬度達49cm，是一個很大的袋子，若不想要開口過大，袋身可考慮做梯型設計。

②根據計算所得袋身尺寸，繪製袋身框。

③由於對稱的版型可以只畫一半，此包款就畫一半的版型做為示範。

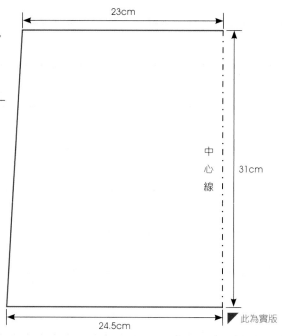

23cm

中心線

31cm

24.5cm

▶此為實版

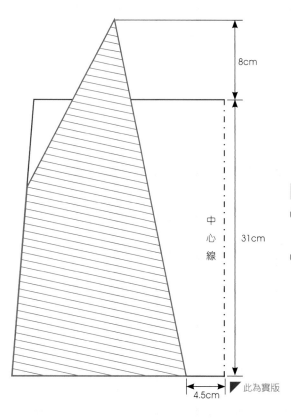

8cm

中心線

31cm

4.5cm

▶此為實版

袋身裝飾片

①此裝飾片是為了要做出創意的提把，所以大小與形狀可依照自己想要的設計。

②範例畫法：用袋身當基礎尺寸，在上面畫出需要的形狀即可。（線段填滿的部分）

◎完成實際版型後即可製作。

◎由於版型為實版，製作時需外加縫份。

製作包款

♣ 使用裁片

※所有裁片除標示含縫份外，一律外加縫份，貼襯與否視個人需求。

用布量：約表布3尺、裡布3尺。

（1）表袋身：依版型　　　　表左 ×2、右 ×2
（2）裡袋身：依版型折雙　　裡 ×2
（3）袋身裝飾片：依版型　　圖案布表 ×1、裡 ×1
（4）袋底：依版型　　　　　表 ×1、裡 ×1
（5）裡口袋：視個人需求或喜好裁片製作
（6）提把：8×50cm（含縫份）表 ×2
（7）提把：6×50cm（含縫份）表 ×2

紙型A
附版型

♣ 所需配材

（1）袋口拉鍊：50cm×1 條（只要大於開口端的尺寸即可）
（2）固定用的鉚釘或固定釦：8 ～ 10 組
（3）裝飾布標或皮標：隨意

♣ 製作流程

一、製作袋身和提把

  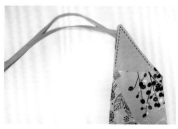

1　將袋身左右片接合起來，並在正面壓線，共2組。

2　提把（背帶）可製作成各種不同寬度的組合。

3　將背帶擇一組合夾車固定，在表袋裝飾片中形成一個一體的提把。

  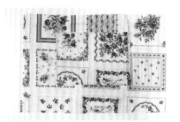

4　翻回正面並固定在其中1片表袋身上。

5　另一組提把固定在另一片袋身上。位置隨個人喜好，不一定左右要等寬或等長，只要背時是平衡的就可以。

6　製作裡袋身口袋（依個人需求製作）。

二、製作袋口拉鍊

7　袋口處以夾車拉鍊的方式，將一片表袋身＋拉鍊＋一片裡袋身對齊夾車。

8　另一邊拉鍊相同作法車合。

9　翻回正面，沿著拉鍊兩側邊壓線固定。

三、組合袋身

10　將表袋身正面相對，兩側對齊車合。

11　袋身底部與袋底四邊對齊，車縫固定。

12　將裡袋身正面相對，兩側對齊車合，一側邊留返口。

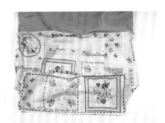  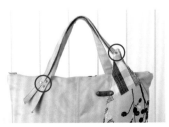

13　裡袋身底部與袋底四邊對齊，車縫固定。

14　從裡袋身返口翻回正面，整理好袋型，並縫合返口。

15　提把釘上鉚釘裝飾即完成。

變化款 瑰麗之戀手挽包

Wristlet Purse

shimring

繪製版型

（1）包款分析：運用標準版的同款版型，將兩片袋身藉由不同的製作方式創造出此包款。
（2）制定袋底尺寸
（3）制定袋身尺寸
（4）計算並畫版型

◎範例包款尺寸：36×39×13cm
由包款分析得知變化款袋身與袋底版型相同，且不需使用袋身裝飾布，但需加上用來裝提把的提把布，所以只需要多加兩片裁布以及側邊布即可，需要增加的裁片如下：

提把口布版型

→由於所使用的提把不是太大（手挽型），這邊的尺寸不拘，只要自己方便使用即可，因此原袋身上寬度為46cm。
→增加提把口布尺寸，概抓寬度25cm。
→長度19cm。

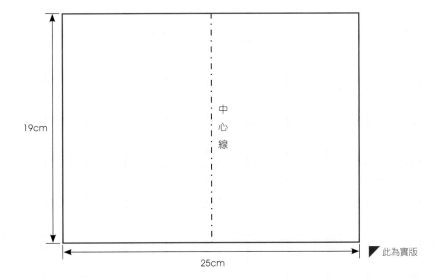

側邊布版型

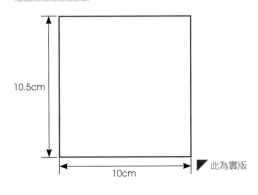

◎以上增加的版型都畫出來是為了要讓大家瞭解，實際執行時，記下正確的裁片尺寸即可。
不熟時就畫下來，熟練後只需計算精確數字。

製作包款

✤ 使用裁片

※所有裁片除標示含縫份外，一律外加縫份，貼襯與否視個人需求。

用布量：約表布3尺、裡布3尺。

（1）表袋身：依版型折雙　　　　表 ×2、裡 ×2
（2）袋底：依版型　　　　　　　表 ×1、裡 ×1
（3）提把口布：19×25cm（依版型）　表 ×2
（4）側邊布：10.5×10cm（依版型）　表 ×4
（5）裡口袋：視個人需求或喜好裁片製作

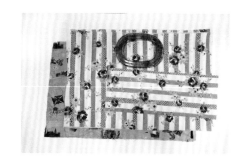

✤ 所需配材

（1）提把：市售手挽型提把 1 組（任何形狀均可）
（2）裝飾布標或皮標：隨意
（3）側邊裝飾人字帶：60cm 長 ×2 條

✤ 製作流程

一、製作袋身提把

1 取提把口布，將兩側縫份內折車縫固定，共兩片。

2 口布穿過提把，對折後底下車縫固定，共兩份。

3 取側邊布，兩邊往中心折燙，兩短邊內折車縫固定，共完成四份。

4　表袋身上端抽皺為26.5cm，
　　抽皺後車大針（調大針目）
　　疏縫固定。

5　將提把車固定在袋身袋口。
　　側邊布對折擺放在表布上端
　　的縫份下車縫。

二、製作袋身

6　裡袋身先製作好內口袋後，
　　上端同表袋身抽皺摺。

7　表裡袋身正面相對，上端對
　　齊車縫。

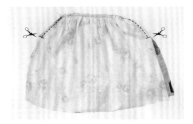

8　將兩側邊車縫，約車12cm的
　　長度，並在兩邊車縫止點處
　　各剪一刀，勿剪超過縫份。

9　翻回正面，依上述步驟，共
　　完成兩組。

三、組合袋身

10　將袋身正面相對，表對表，
　　　裡對裡，兩側車縫。

11　袋身底部再與袋底對齊車合。

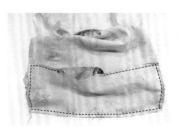

12　車合裡袋底時，一邊要留一
　　　段返口。

13　翻回正面，並縫合返口。使用穿繩器將側邊人字帶穿過側邊布，打
　　　結裝飾即可。

14　整理袋型，釘上皮標，即完
　　　成不同風格的手挽包。

Part 3

波士頓包款打版

尺寸：30×22×18cm（取長邊）

靚釆繽紛波士頓包

Boston Bag

Colorful

波士頓 包款，原意為Boston Bag，根據流傳是以前波士頓大學生很喜歡使用的一種提包；有著長方形的寬大底部，可以連書本都裝進去，加上兩側提把的設計，不但穩固性高，而且好握好提。

這樣的包款由於有著大的長方底，因此不管包款大小，它的置物空間仍然是足夠的，可以容納各種出門必備小物；同時也是品牌設計愛好的包款。本單元示範的是基本的包型再加以變化成為另一種完全不一樣的新風格。

繪製版型

（1）包款分析：兩片側身＋兩片方形袋身與一片袋底的組合。
（2）制定側身尺寸
（3）制定袋底尺寸
（4）制定袋身尺寸
（5）計算並畫版型

◎依據自己想要的包款大小訂定尺寸。（此處不贅述詳細制定過程）
範例包款尺寸：30×22×18cm。
範例裡的包款是以側身為主，袋身尺寸依照側身大小來制定。

✤版型畫法

側身

依據包款尺寸得知：側身基本尺寸為18×22cm。
①繪製標準方框。
②也可只畫一半版型。
③定底圓：範例為R=4cm。

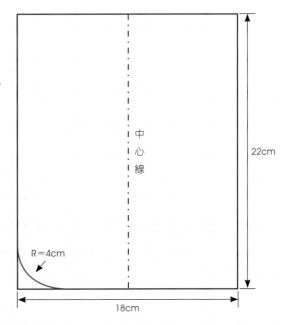

中心線

22cm

R=4cm

18cm

④由示範包款得知側身上寬＜底寬

　因此上寬可依照喜好制定（與底等寬亦可）

　示範包款為上寬＝14cm。

⑤連接$\overline{AB}$線段成為側邊的長度，$\overline{AB}$線段可使用直尺丈量得出18cm。

※$\overline{AB}$線段長度也可用計算的方式得出；當我們使用方格紙繪製時，其實只需要以直尺丈量就可以
　得出該段長度；以電腦繪圖就更容易，同樣只要讀取該段數據即可。

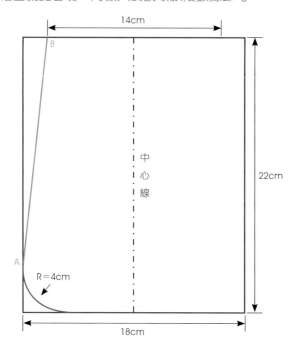

側身版型

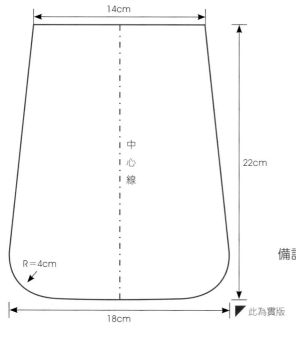

備註：這種畫法也是一種圓弧袋身的畫法，在
　　　【袋你輕鬆打版。快樂作包】書中示範的
　　　是較為複雜的計算方式，這邊提供第二種
　　　方式，在以後的設計中可以交叉運用。

袋底

①此袋底寬度定為13cm。

②根據已知袋身寬度30cm繪製袋底。

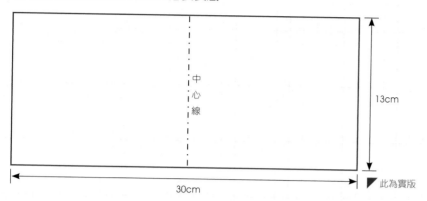

袋身

①由側身版型得知一半的側身長度為36.3cm×2＝72.6cm
（總長）（尚需預留拉鍊寬度1cm）。

②扣除袋底的13cm。

③由上得出一半的袋身長度為29.3cm。

④示範包款袋身為微梯型，因此上寬可以稍微小一點，這
邊定為27cm（正好可搭配使用25cm的拉鍊）。

⑤對稱版型可只畫一半。

※由於拉鍊開在上端，因此這部分的尺寸可以參考現成的
拉鍊當作設計的依據。

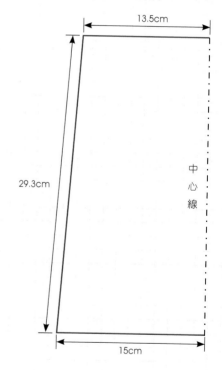

袋蓋

①由於袋蓋不參予計算的範疇，此處為參考尺寸，
可依個人喜好的樣式設計。

◎完成實際版型後即可製作。

◎由於此為實際版型，製作時需外加車縫縫份。

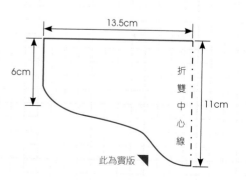

製作包款

✤ 使用裁片

※所有裁片除標示含縫份外，一律外加縫份，貼襯與否視個人需求。

用布量：約表布2尺、裡布2尺。

（1）袋身：依版型　　　表 ×2、裡 ×2
（2）側身：依版型　　　表 ×2、裡 ×2
（3）袋底：依版型　　　表 ×1、裡 ×1
（4）袋蓋：依版型　　　表 ×1、裡 ×1
（5）裡口袋：視個人需求或喜好裁片製作

紙型A
附版型

✤ 所需配材

（1）提把：2.5 ～ 3cm 寬 ×50cm 長：2 條
（2）袋口拉鍊 25cm 長 ×1 條
（3）裝飾布標或皮標：隨意

✤ 製作流程

一、製作提把

4～5cm

1　可直接買現成的使用，或是如圖將織帶對折車合，預留約4～5cm不車。

2　織帶下方內折0.5cm車縫固定，共完成2條提把。

二、製作袋蓋

返口

3　取袋蓋表裡布正面相對車縫，並留返口。弧度處剪數個牙口。

三、製作表袋身

4 翻回正面，沿邊壓線一圈。

5 表袋身依個人使用需求車縫口袋，示範為一字口袋。

6 製作方法參考P7部份縫完成。

7 袋身底部先與袋底車合。

8 將袋蓋車縫在表袋身做好的口袋上方。（若沒做口袋，則可當裝飾）

9 車縫上事先做好的提把（位置依個人習慣平均放置），另一片表袋身也車上提把。

四、製作側身

10 取側身布，外圍沿邊車縫人字帶或斜布條。

11 再對折夾車棉繩固定。（可依個人喜好製作）

五、製作裡袋身

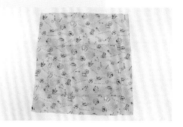

12 取裡袋身製作內口袋。（依個人使用需求製作）

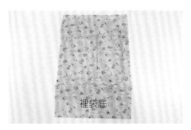

13 裡袋身底部先與裡袋底車合。

六、製作袋口拉鍊

14 拉鍊只使用25cm，但由版型得知上端寬度為27cm，因此拉鍊前後端使用一小片布車縫成擋布。

15 取表袋身與裡袋身上方袋口處夾車拉鍊（一片表布＋拉鍊＋一片裡布）。

七、組合袋身

16 同作法完成另一側拉鍊夾車，翻回正面，沿拉鍊兩側邊壓線。

17 袋底與另一側袋身車合起來，翻回正面壓線。

18 裡袋底同作法車合，留一段返口。

19 袋身側邊與表側身正面相對車合。

20 同作法接合裡側身。

21 側身車合好呈現的樣子。

22 將表裡兩側側身組合好。

23 翻回正面，將裡袋身返口處縫合。

24 打上鉚釘、裝飾釦、裝飾皮標等均可，完成。

變化款▶ 花漾薄荷側背包

Shoulder Bag

mint green

繪製版型

（1）包款分析：由示範包款圖得知，這是兩片袋身＋兩片側身的組合，完全使用標準款的波士頓
　　　　　　　版型來製作的包款。
（2）運用側身當作袋身
（3）運用袋身當成側身
（4）運用袋底當成袋蓋
（5）運用袋蓋當作側身裝飾

範例包款尺寸：18×22×30cm

◎由分析得知，無需重新製版；也無需增加任何版型，注意包款分析的項目即可，運用不同的製
　作方式做出完全不同的包款。

製作包款

❀使用裁片

※所有裁片除標示含縫份外，一律外加縫份，貼襯與否視個人需求。

用布量：約表布2尺、裡布2尺。

（1）袋身：依版型　　　　表 ×2、裡 ×2
（2）側身：依版型　　　　表 ×2、裡 ×2
（3）袋蓋：依版型　　　　表 ×1
（4）側身裝飾：依版型　　花布 ×2
（5）裡口袋：視個人需求或喜好裁片製作

❀所需配材

（1）提把織帶：2.5 ～ 3cm（寬）×110cm（長）：2 條
（2）袋口鎖扣：1 組
（3）裝飾布標或皮標：隨意

◎版型注意，使用包款分析的項目裁布。

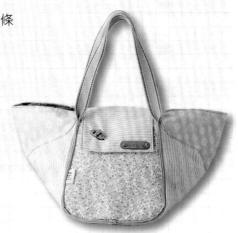

一、製作側身裝飾

1 取側身裝飾片，沿弧度邊剪牙口並折燙。

2 車縫在側身上端固定，共兩片。

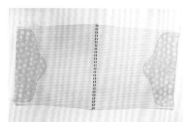

3 將完成的兩側身底部車合，縫份攤開，正面壓線固定。

二、製作提把、袋蓋

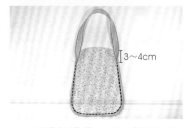

4 取提把織帶，頭尾端正面相對車合。將接合好的提把車縫在表袋身周圍，上端左右各留約3~4cm不車，最後完成時再車縫或使用固定釦固定均可。

5 取袋蓋一片對折，三邊車合，翻回正面沿邊壓線。再將袋蓋車縫在後袋身上方。

三、製作表裡袋身

6 將側身與袋身正面相對，沿邊對齊好車合。

7 依個人需求車縫裡袋身口袋。

8 兩片裡側身底部車合，留一段返口。

9 再與裡袋身對齊車合。

四、組合袋身

10 將表裡袋身正面相對套合，袋口對齊好車縫一圈。

11 翻回正面，袋口壓線一圈，裡袋身返口縫合。

12 裝上鎖釦，釘上裝飾皮標即完成。

Part 4

側背包款打版

標準款

尺寸：34×33×12cm（取長邊）

奔放流線側背包

Shoulder Bag

streamline

任何一種型式，任何一種袋型，都可以成為側背包款。本單元示範只需2片袋身的作法，即使沒有袋底的版型，也能做出立體的包款，且同個版型依然可做出外觀不同的兩樣包款。一般這種比較特殊的版型，大多只能用一次，也只能做出一樣的包款；這裡示範的方式，可再次激盪出不同火花，呈現不同的風貌。

繪製版型

（1）包款分析：兩片袋身的組合。
（2）制定袋身尺寸
（3）計算並畫版型

◎依據自己想要的包款大小訂定尺寸。
範例包款尺寸：34×33×12cm。
範例裡的包款是以袋身為主，側身尺寸依照摺子的大小來制定。

♣版型畫法

袋身

依據包款尺寸得知：
側身的部分必須放在袋身的尺寸中，在製作時做出有側身的樣子。
→依照示範的參考尺寸則可得知整個包的範圍大概會在46×39cm中。
①繪製標準方框。
②可只畫一半版型。

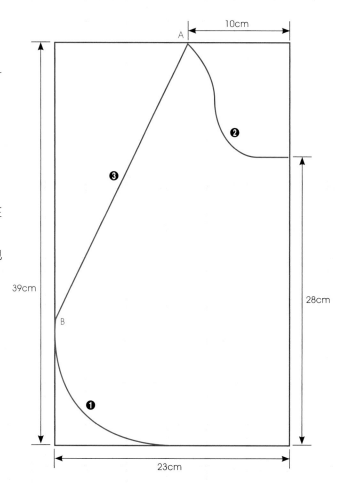

③由示範包款得知中心位置＜側邊高度
    此高度的定法，可依據想放入的物品高度而定，依範例定為28cm。
④畫出的方框可以先制定❶的大小，由於這樣的包型沒有外接的側身，因此這個
    曲線可任意制定。
⑤由中心高度制定❷的部分，此處也沒有外接，同樣可以任意制定。
⑥最後連結$\overline{AB}$線段即完成此款包的版型。
⑦由於製作成仿側身，因此可在袋底圓弧處加上長度6cm摺子數個（間隔距離
    為2.8cm，大小為2cm，可依照弧度調整，此為參考）。

重畫袋身版

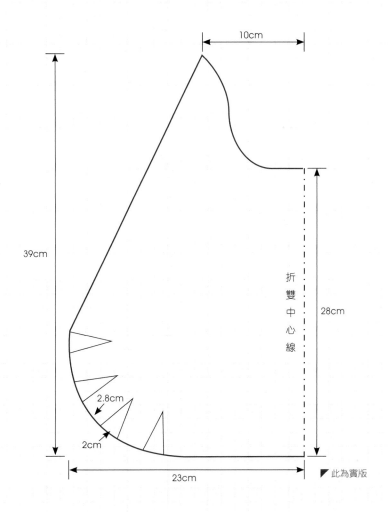

◎上端中心到側邊A的位置制定方式可依照自己的手臂大小，因此不需要固定尺寸。
◎完成實際版型後即可製作。
◎由於此為實際版型，製作時需外加車縫縫份。

▌製作包款

❧使用裁片

※所有裁片除標示含縫份外，一律外加縫份，貼襯與否視個人需求。

用布量：約表布2.5尺、裡布2.5尺。

（1）袋身：依版型　　　　表 ×2、裡 ×2

（2）側邊裝飾布條：使用約 5×62cm（可做可不做）
　　　　　　　　　　（或依照自己畫的版型去裁製）

（3）裡口袋：視個人需求或喜好裁片製作

（4）提把裝飾下片：依版型側邊剪想要的大小　　表 ×2

（5）側邊上裝飾片：依版型　　　表 ×2

紙型A
附版型

❧所需配材

（1）提把：1 組（使用市售或自製）

（2）提把裝飾小布條：約 4×20cm 數條（可任意調整）

（3）裝飾用的流蘇：市售或自製均可

（4）裝飾布標或皮標：隨意

❧製作流程

一、製作周邊素材

1　圖示編碼為①袋身側邊裝飾
　布條折燙。②側邊的裝飾
　片。③穿流蘇的小布條折
　燙。④裝飾流蘇。

2　將③小布條穿入④流蘇環車
　縫固定。

3　製作提把裝飾下片，布條穿
　過提把環上固定。（示範為
　小布條，也可做成大布條）

二、製作袋身

4 側邊裝飾片下方折燙，弧度處剪牙口。

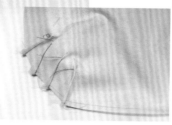

5 車縫表袋身兩側摺子。※示範的包款是以此種摺子來製造出仿側身的方式。

6 正面摺子就會呈現出類似打角的樣子。將兩片表袋身正面相對車合。

7 車上側身裝飾布條，先以珠針固定，此處需慢慢車縫，比較不會歪斜；側邊布條由於上邊還有一片裝飾布，因此長度不會到兩端點。

8 再車縫固定側邊上裝飾布。

9 車上袋前方穿流蘇環的小布條（這邊也可以使用鉚釘釘合），長度及大小不拘，可以穿過流蘇環即可。

10 將提把車縫固定。

11 再將流蘇環車縫固定在袋口中心處。側邊裝飾布條依自己喜好車縫。

三、製作裡袋身與組合袋身

12 製作裡袋身口袋。將裡袋身兩側底邊摺子車縫好。再將兩片裡袋身正面相對接合，底部留返口。

13 表裡袋身正面相對套合，袋口處對齊車縫一圈。

14 翻回正面，袋口壓線，裡袋的返口縫合。

15 釘上鉚釘、裝飾釦、裝飾皮標等均可，完成。

變化款 ▶ 俏麗束口側背包

Shoulder Bag

drawstring

繪製版型

（1）包款分析：兩片袋身的組合，以不同的裁片與製作方式衍生出另一種包款。
（2）制定袋身尺寸
（3）計算並畫版型

◎依據自己想要的包款大小訂定尺寸。
範例包款尺寸：34×33×12cm
◎範例裡的包款是以袋身為主，側身尺寸同樣依照摺子的大小來制定。

袋身

①由於表袋身製作成貼邊＋袋身的方式，因此將袋身區分成上下兩版。
②由於藉由摺子做成仿側身，不同於標準版，可調整摺子的位置與大小。
可在側邊加上數個摺子。（間隔距離為2.5cm，寬度為1cm，可依照弧度調整，此為參考）
③袋底再加一個大摺子，如此設計會呈現更圓更澎的包款。

袋身版調整後全版

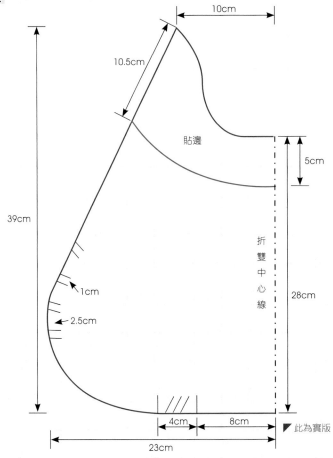

袋身貼邊版

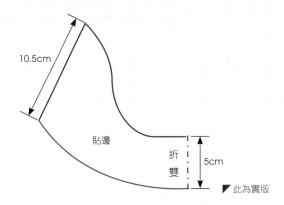

10.5cm

貼邊

折雙

5cm

▶ 此為實版

袋身下版

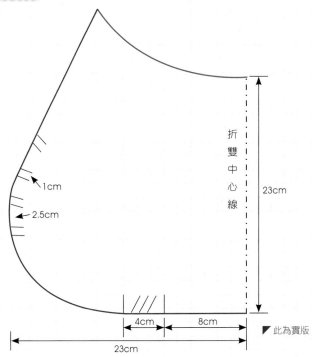

折雙中心線

23cm

1cm

2.5cm

4cm   8cm

23cm

▶ 此為實版

◎上端貼邊可自行決定想要做的大小，此示範位置為參考位置。

◎完成實際版型後即可製作。

◎由於此為實際版型，製作時需外加車縫縫份。

製作包款

✤ 使用裁片

※所有裁片除標示含縫份外，一律外加縫份，貼襯與否視個人需求。

用布量：約表布2.5尺、裡布2.5尺。

（1）袋身下版：依版型　表×2、裡×2

（2）貼邊：依版型　　表×2、裡×2

（3）裡口袋：視個人需求或喜好裁片製作

✤ 所需配材

（1）17mm 雞眼釦：12 組

（2）提把織帶：2.5 ～ 3cm（寬）×50cm（長）：2 條

（3）束口布條：約 4×90cm（可任意調整）：1 條

（4）裝飾布標或皮標：隨意

（5）固定鉚釘：數組

✤ 製作流程

一、製作表裡袋身

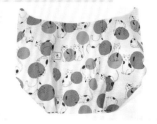

1 表袋身底部摺子車縫。（摺子向外或向內固定都可）

2 再車縫袋身側邊摺子。（多或少都可以，依版型尺寸車摺即可）

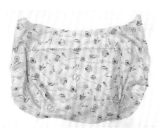

3 製作裡口袋，依個人需求與喜好製作。車縫袋身底部和側邊的摺子。

二、製作貼邊

4 將提把固定在袋身上。（位置依個人喜好，平均即可）

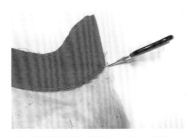

5 袋身上方車縫貼邊，縫份倒下，正面壓線，完成兩組。

6 裡袋身與貼邊車縫，作法同表袋身。

7 取一片表袋身與一片裡袋身正面相對，車合上方貼邊的部份。

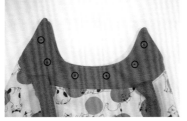

8 貼邊接縫處剪一刀，切記勿剪超過縫份。

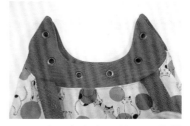

9 翻回正面整理好貼邊，上方處壓線固定。

三、組合袋身

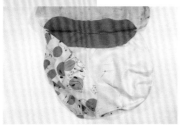

10 將袋身表對表，裡對裡車縫起來，裡袋身留返口。

11 翻回正面，可先將裡袋返口縫合。貼邊處平均畫好釘雞眼釦的位置。

12 將雞眼釦釘好，位置與數量可依喜好設定。

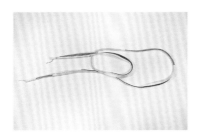

13 製作穿繩，或使用現成臘繩亦可。

14 從袋身後方穿繩，束起袋口，就成為可愛型束口包。

15 釘上裝飾皮標及鉚釘即完成。

Part 5

郵差包
斜背款打版

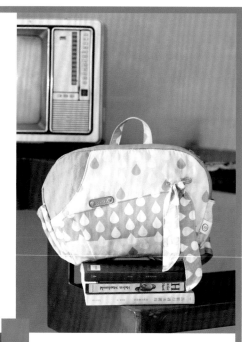

標準款

尺寸：36×24×9cm（取長邊）

幻象土耳其斜背包

Messenger Bag

turquoise

源由於 messenger bag，是一種斜背包款式；最早流行於騎乘自行車的信差和送貨人員，由於款式實用，樣式帥氣，在設計上的變化更多元。

本單元運用稍微變化的斜背款版型，加以改造後便可創造出不同於斜背的包款，就算是普通的郵差包也能多樣化。

繪製版型

（1）包款分析：兩片袋身＋兩片側身＋袋底的組合。

（2）制定袋身尺寸

（3）制定袋底尺寸

（4）制定側身尺寸

（5）計算並畫版型

◎依據自己想要的包款大小訂定尺寸。

範例包款尺寸：36×24×9cm。

範例裡的包款是以袋身為主，側身尺寸為輔。

❀版型畫法

袋身

依照示範的參考尺寸則可得知整個包的範圍大概會在36×24cm中。

①繪製標準方框。

②可只畫一半版型。

③先訂袋底圓角，範例包款R＝9.5cm

④畫上圓角❶

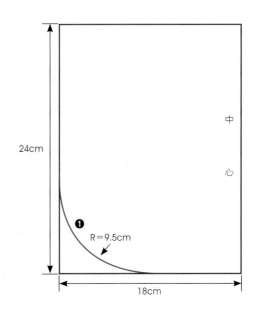

24cm

中心

❶

R＝9.5cm

18cm

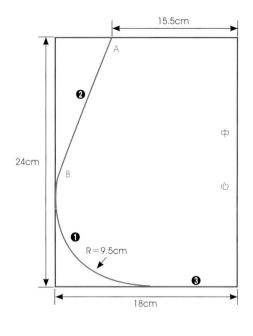

⑤由示範包款得知袋身上端是比較窄的，此定為
　　31cm，畫一半尺寸為15.5cm。
⑥連接$\overline{AB}$線段，為❷即為袋身版。（$\overline{AB}$線段長度可
　　用直尺直接度量，約為14.9cm）
⑦1/2袋身長度為❶＋❷＋❸＝38.3cm。
⑧重畫版型。

重畫袋身版

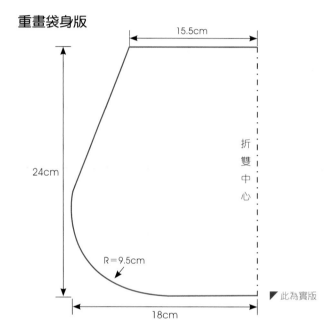

▶此為實版

袋底

①由袋身得知長度，計算整個袋身長度為38.3cm。
②根據範例包款得知袋底寬度為9cm，長度可定兩袋底圓弧的一半，即為32cm，
　　因此袋底尺寸為9×32cm（袋底長度制定同樣可依照個人喜好）。
③畫一半的版型。

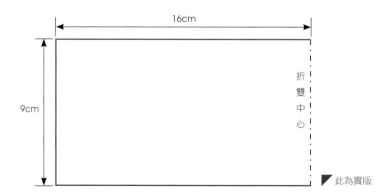

▶此為實版

側身

①側身尺寸由袋身尺寸扣除袋底尺寸後為22.3cm。

②側身可設計為微梯型。

③畫版型。

◎側身上端尺寸可依個人喜好制訂，或依據比例來
　制訂，範例包款為6cm，如此上端開口不至於過
　寬，但卻能有較寬的側身和底。

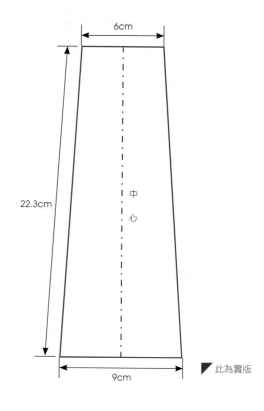

袋蓋

①由於袋蓋不參予整體尺寸，可依個人喜好繪製。

②範例參考如圖。

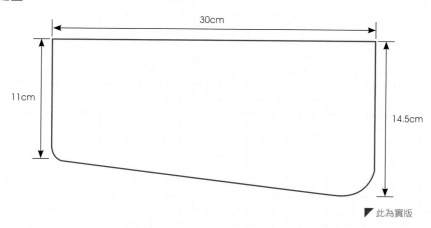

♣補充版型：拉鍊口布

①一般而言，拉鍊口布無需畫版，只需記下尺寸即可。

②根據側身上端寬度6cm，因此拉鍊口布的寬度＋拉鍊需≦6cm。

③拉鍊口布一邊的尺寸可為2.5×27cm（製作時需外加縫份）。

◎完成實際版型後即可製作。

◎由於此為實際版型，製作時需外加車縫縫份。

製作包款

✤使用裁片

※所有裁片除標示含縫份外，一律外加縫份，貼襯與否視個人需求。

用布量：約表布2.5尺、裡布2.5尺。

（1）袋身：依版型　　　表 ×2、裡 ×2
（2）側身：依版型　　　表 ×2、裡 ×2
（3）袋底：依版型　　　表 ×1、裡 ×1
（4）袋蓋：依版型　　　表 ×1、裡 ×1
（5）裡口袋：視個人需求或喜好裁片製作
（6）拉鍊口布：2.5×27cm　　　表 ×2、裡 ×2
（7）裝飾綁帶：視個人喜好裁片製作

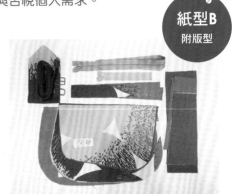

紙型B
附版型

✤所需配材

（1）背帶織帶：3cm（寬）×120cm（長）：1 條
（2）日型環及口型環：各 1 組
（3）出芽布 & 蠟繩：依個人喜好製作
（4）30cm 拉鍊：1 條
（5）裝飾布標或皮標：依個人喜好
（6）一字拉鍊口袋：拉鍊 15cm 長 ×1 條（可依個人需求）
（7）17mm 雞眼釦：1 組

✤製作流程

一、製作袋蓋與綁帶

1　表袋蓋可做出芽，再將表裡布正面相對車縫固定。

2　翻回正面，沿邊壓線。

3　參考P9部份縫作法，製作背帶。

4 裝飾綁帶兩片正面相對車
　縫，留返口。

5 翻回正面，沿邊壓線一圈。

6 表袋身可製作出芽，先沿邊
　車縫滾邊條。

7 再包夾住蠟繩車縫固定，形
　成出芽。

8 後袋身可依個人使用需求製
　作口袋。

9 將袋蓋置中固定在表後袋身
　上方。

10 表裡側身與袋底分別接合好。

11 將接合好的表側身袋底與表
　後袋身對齊車合。

12 同作法再接合表前袋身。

三、製作拉鍊口布

13 取表裡口布兩端縫份內折，
　夾車拉鍊（表口布＋拉鍊＋
　裡口布）。

14 同作法完成另一邊拉鍊車
　縫，並翻回正面壓線。

15 拉鍊尾端包車布片做裝飾較
　為美觀。

16 將拉鍊口布置中，分別固定在袋身袋口處。

17 再將背帶固定在側身上。

四、製作裡袋身

18 依個人使用需求製作裡口袋。

19 再與接合好的裡側身袋底車合，其中一片底部留返口。

五、組合袋身

20 表裡袋身正面相對套合。袋口處對齊車縫一圈。

21 翻回正面，袋口沿邊壓線一圈固定。

22 袋蓋釘上雞眼釦。

23 並將裝飾綁帶穿過雞眼釦打結綁上。

24 釘上鉚釘、裝飾釦、裝飾皮標等均可，完成。

變化款 ▶ 雨滴前奏曲後背包

Backpack

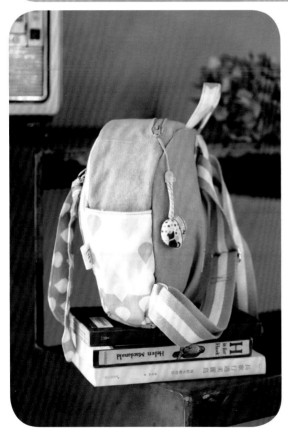
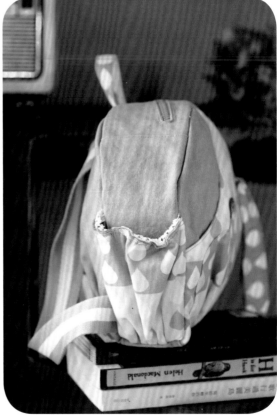

raindrop

繪製版型

（1）包款分析：與基本款相同的版型，以不同的製作方式衍生出另一種包款。

◎依據自己想要的包款大小訂定尺寸。

範例包款尺寸：36×24×6cm

（2）補充版型。

前口袋

①變化款的袋身版型倒過來使用即可。

②藍色弧線的部分為前口袋版。

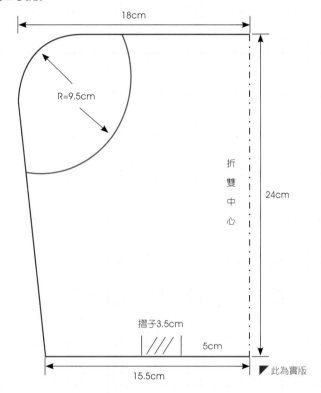

袋底

依照示範的參考尺寸，袋底約略可訂為6×24cm，記下即可。（參照前口袋底，由於加了摺子後長度會變短，因此範例定為24cm）

✤補充說明

①原袋身＝倒袋身

②原側身＝倒側身

③原袋底＝拉鍊口布

④原袋蓋＝前口袋裝飾

製作包款

✿使用裁片

※所有裁片除標示含縫份外，一律外加縫份，貼襯與否視個人需求。

用布量：約表布2.5尺、裡布2.5尺。

（1）袋身：依版型　　　　　　表 ×2、裡 ×2
（2）前口袋：依版型　　　　　表 ×1、裡 ×1
（3）側身：依版型　　　　　　表 ×2、裡 ×2
（4）袋底：6×24cm　　　　　表 ×1、裡 ×1
（5）拉鍊口布：依版型　　　　表 ×1、裡 ×1
（6）裡口袋：視個人需求或喜好裁片製作
（7）側身口袋 A：18×16cm　表 ×1、裡 ×1
（8）側身口袋 B：10.5×16cm　表 ×1、裡 ×1
（9）前口袋裝飾：依版型　　　表 ×1

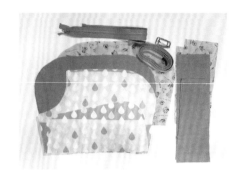

✿所需配材

（1）27cm 拉鍊：1 條（使用長度，縫份外加）
（2）背帶織帶：3cm（寬）×120cm（長）：1 條
（3）日型環及口型環：3cm（寬）各 1 個
（4）裝飾布標、皮標或布條：隨意
（5）包邊人字帶：約 2 碼

✿製作流程

一、製作前口袋

袋口處→

1　將前口袋裝飾布縫份折燙，轉角圓弧處剪牙口。

2　並車縫在前口袋下方處固定。

3　前口袋表裡布正面相對，車縫袋口處即可。翻回正面壓線，其餘的邊車縫固定。

二、製作袋身

4 將前口袋與一片袋身對齊車縫固定。

5 前後袋身車縫好摺子，成扇貝狀。

6 後袋身片上方中心車縫一片可以穿過織帶的布條。

7 參考P9部份縫作法，製作背帶。

8 將背帶穿過後袋身布條，兩端車縫固定。

9 前後袋身底部與袋底接合，袋底正面兩側壓線。

三、製作側身口袋

10 側身口袋A表裡布車縫，下方打數個摺子，與側身短邊同寬，上方車縫鬆緊帶縮口。

11 側身口袋B上方不車鬆緊帶，下方可平均兩個摺子做變化，並對齊車縫在側身上。
※側身口袋可依個人需求與喜好製作，範例尺寸為參考。

12 側身車縫好口袋後再與拉鍊口布接合，並在正面壓線。

四、製作拉鍊口布

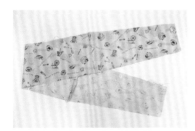

13 裡側身與裡拉鍊口布同作法接合。

14 剪一塊大於拉鍊的裡布，畫出一字拉鍊位置，並車縫在拉鍊口布上。※此範例為斜車，會較有特色，正車也可以。

15 參考P7部份縫開一字作法，將裡布片翻到口布的後方，稍微折燙一下。

16 在開口處黏貼上拉鍊。

17 裡拉鍊口布對照表布同樣位置（如做斜的，位置要對好），剪出一字的範圍，周圍折燙。

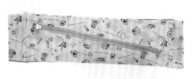

18 將裡拉鍊口布對齊蓋在拉鍊背後，使用拉鍊專用雙面膠黏貼固定。

五、製作裡袋身

（背面圖）

19 翻回正面，沿著拉鍊邊框車縫固定。

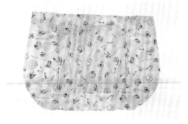

20 裡袋身依個人需求車縫上內口袋。

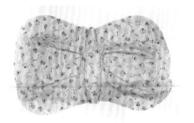

21 車縫底部摺子。再與裡袋底接合。

六、組合袋身

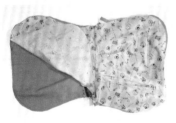

22 表袋身與裡袋身背面相對車縫一圈固定。

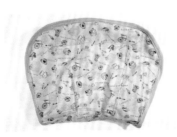

23 再與製作好的口布側身對齊車縫固定。

24 口布側身與袋身車縫至直線轉彎處時，側身需剪一刀。

25 將縫份邊以人字帶包邊車縫。

26 翻回正面，整理好袋型，釘好裝飾皮標即完成。

Part 6

後背包款打版

標準款

尺寸：33×35×8.5cm（取長邊）

星夜傳奇後背包

Backpack

starry night

後背款

後背款的包，著重於使用雙肩背，也是相當實用的包款之一。由於使用雙肩背，故而可以空出雙手，因此在袋型的變化將更豐富；本單元運用不那麼正統的後背包版型，藉由製作的方法，以增加或減少裁片，但不改變版型。一般後背包的版型，同樣可以創造出不同於後背的包款。

繪製版型

（1）包款分析：兩片袋身＋兩片側身＋袋底的組合。
（2）制定側身尺寸
（3）制定袋身尺寸
（4）制定袋底尺寸
（5）計算並畫版型

◎依據自己想要的包款大小訂定尺寸。
範例包款尺寸：33×35×8.5cm。
範例裡的包款是以側身為主，袋身尺寸為輔。

♣ 版型畫法

側身＋袋身

依照示範的參考尺寸則可得知整個包的範圍大概會在33×28cm中，由於這個包款取圖的關係，因此會以圖案大小來設計這個包的尺寸，從正面看來包款連著側身的部分是弧形的，因此側身跟袋身是可以同時繪製，再做修正即可。

①繪製標準方框。
②可只畫一半版型。
③先訂袋底圓角，範例包款R＝8cm。
④畫上圓角❶

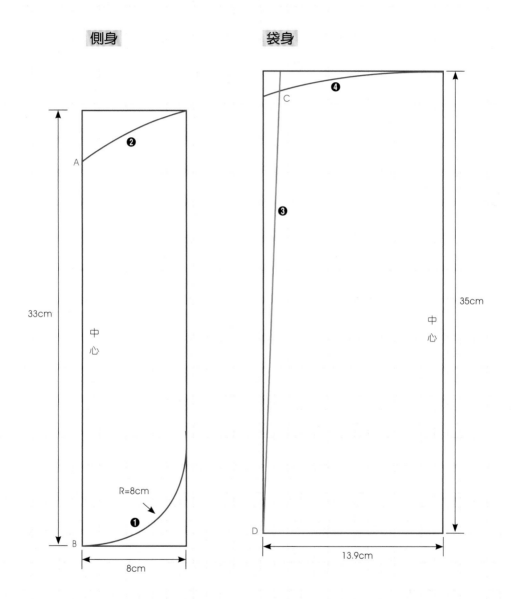

側身　　　　　　　袋身

33cm

中心

R=8cm
❶

B

8cm

A

❷

袋身

❹

C

❸

中心

35cm

D

13.9cm

⑤由示範包款得知袋身上端連接側身為弧形，因此可先將❷&❹的部分畫出來，❷&❹的相接點要連貫，這邊可使用有刻度的弧線尺來繪製，示範款的尺寸❷是10.8cm，❹是8.7cm（C到中心的弧線段）。

⑥$\overline{AB}$線段，則使用直尺量出來為28.7cm，即為側身版。

⑦袋身可設計成微梯型，畫出❸的部分，因此$\overline{CD}$線段在示範包款裡是33.3cm（直尺量度即可）。

⑧重畫版型。

側身版

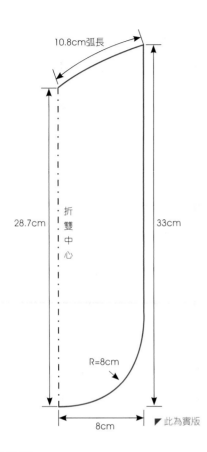

10.8cm弧長

28.7cm

折雙中心

33cm

R=8cm

8cm

▶此為實版

袋身版

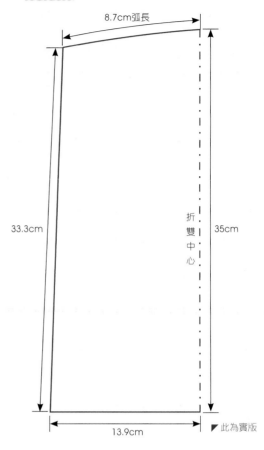

8.7cm弧長

33.3cm

折雙中心

35cm

13.9cm

▶此為實版

袋底

① 由側身計算得知長度為37.6×2＝75.2cm。

② 根據側身長度75.2cm扣除袋身長度，袋底寬度為8.6cm，因此袋底尺寸8.6×27.8cm。

③ 畫一半版型。

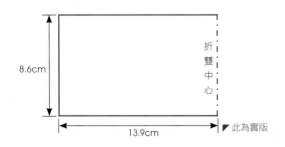

8.6cm

折雙中心

13.9cm

▶此為實版

袋蓋

① 由於袋蓋不參與整體尺寸，可依個人喜好繪製。

② 範例如圖。

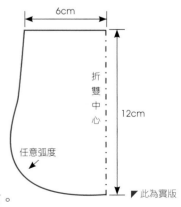

6cm

折雙中心

12cm

任意弧度

▶此為實版

◎任意弧度或尺寸的畫法時，需注意整體在設計上的比例協調即可。

◎完成實際版型後即可製作。

◎由於此為實際版型，製作時需外加車縫縫份。

製作包款

❖ 使用裁片

※所有裁片除標示含縫份外，一律外加縫份，貼襯與否視個人需求。

用布量：約表布2.5尺、裡布2.5尺。

（1）袋身：依版型　　　　表 ×2、裡 ×2
（2）側身：依版型　　　　表 ×2、裡 ×2
（3）袋底：依版型　　　　表 ×1、裡 ×1
（4）袋蓋：依版型　　　　表 ×2
（5）裡口袋：視個人需求或喜好裁片製作
（6）提把布：8×35cm　　表 ×2

紙型B
附版型

❖ 所需配材

（1）背帶織帶：3cm（寬）×90cm（長）：2 條
（2）日型環及口型環：3cm（寬）各 2 個
（3）拉鍊：35cm 以上 1 條、15cm 1 條
（4）裝飾布標或皮標：隨意
（5）鎖釦：1 組

❖ 製作流程

一、製作事前部份縫

1 由於圖案的關係，在裁切時，將側身分成左右各裁兩片，正常狀況下折雙即可。

2 取兩片表袋蓋正面相對車縫。

3 翻回正面，沿邊壓線，開口處不用。

4 表袋身與表袋底先接合。

5 側身左右片接合。（如使用一片，此步驟省略）

二、製作後袋身側口袋

6 取提把布對折車縫，翻回正面，接縫處移至中間整燙，完成兩條。

7 製作好兩條後背帶。（可參考P9部份縫製作）

8 使用一片後袋身＋短拉鍊＋一片拉鍊口袋布三層夾車。
※由於使用短拉鍊，因此位置可依個人習慣配置，上或下均可。

9 再將另一邊的口袋布先與拉鍊車縫固定。

10 將兩條背帶車縫在後袋身上方，間距平均即可。

11 將側身與側拉鍊口袋夾車，只需車縫一部分。

三、製作表袋身

12 翻到背面，口袋布兩側車合。

13 正面呈現的樣子，拉鍊會在後表袋身與側身布的中間。

14 將袋蓋與提把都置中車縫在後袋身上。

15 前表袋身上方同作法車縫上
　　提把。

16 將後袋身底部與袋底接合，
　　正面沿邊壓線。

17 再將表袋身與表側身對齊好
　　車合。

四、製作裡袋身

18 依個人需求製作裡口袋。

袋底

19 裡袋身底部與裡袋底車合。

返口

20 另一邊袋底車合時需留返口。

五、組合袋身

21 將裡袋身與裡側身對齊好車
　　合。

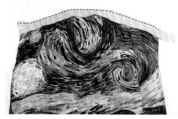

22 取拉鍊先車縫在表袋身袋口
　　處，中心對齊好。

23 另一邊拉鍊也對齊袋口處車
　　縫好。

24 再將表裡袋身正面相對套
　　合，袋口處對齊，沿著拉鍊
　　車縫一圈。

25 翻回正面，裝好鎖釦，裡袋
　　返口縫合，固定裝飾皮標等
　　均可，完成。※袋口不壓線。
　　（如習慣壓線也可以）

尺寸：33×35×8.5cm（取長邊）

Shoulder Bag

melodious

繪製版型

（1）包款分析：兩片袋身＋兩片側身＋袋底的組合。

（2）制定側身尺寸

（3）制定袋身尺寸

（4）制定袋底尺寸

（5）計算並畫版型

◎依據自己想要的包款大小訂定尺寸。

範例包款尺寸：33×35×8.5cm

※範例裡的包款是以基礎版型為主，只增加前口袋及側身口袋，就能呈現出完全不同風格的包款。

✤版型畫法

側身口袋版

①以側身版型為基礎，在側身版上繪製想要的口袋版弧度❶

②前側身口袋延伸3cm→❷

③定出側身口袋中心長度❸

④重新繪製

側身口袋

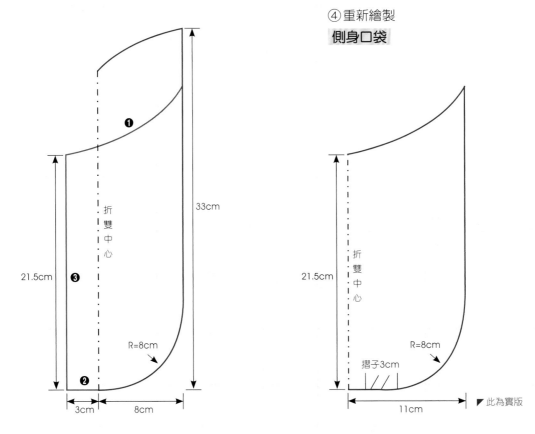

前袋身口袋版

①以袋身版型為基礎，在袋身版上繪製想要的前口袋版弧度❶

②訂出高度即可。（此為參考，可隨自己喜愛的樣式繪製，因為這不參與主版型）

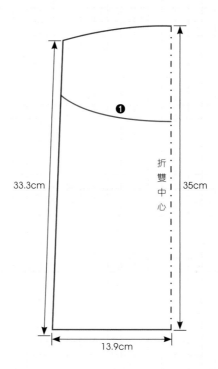

③重新繪製

前袋身口袋

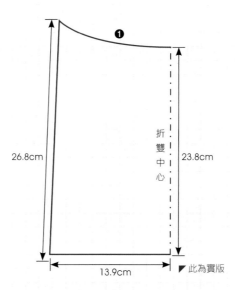

◎在任意弧度或尺寸的畫法時，需注意整體在設計上的比例協調即可。

◎完成實際版型後即可製作。

◎由於此為實際版型，製作時需外加車縫縫份。

製作包款

♣ 使用裁片

※所有裁片除標示含縫份外，一律外加縫份，貼襯與否視個人需求。

用布量：約表布3尺、裡布3尺。

（1）袋身：依版型　　　　　　表×2、裡×2
（2）側身：依版型　　　　　　表×2、裡×2
（3）袋底：依版型　　　　　　表×1、裡×1
（4）側身口袋：依版型　　　　表×2、裡×2
（5）前袋身口袋：依版型　　　表×1、裡×1
（6）後身裝飾片：依版型　　　表×1
（7）裡口袋：視個人需求或喜好裁片製作

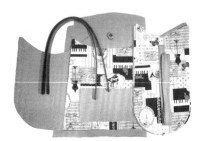

♣ 所需配材

（1）提把：1組（市售或自製均可）
（2）17mm 雞眼釦：1組
（3）袋口穿繩：蠟繩約 60cm 長（可自製）

♣ 製作流程

一、製作袋身口袋

1 取後袋身裝飾片，上方縫份內折燙好。

2 與後袋身下方對齊，車縫固定。

3 再取表裡前袋身口袋，正面相對，車縫上方。

 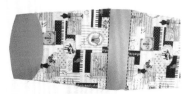 

4 翻回正面壓線，與前袋身下方對齊，車縫三邊固定。

5 將前後表袋身底部與袋底車合，縫份倒向袋底，正面壓線。

二、製作側身口袋

6 車縫側身口袋底部的摺子。

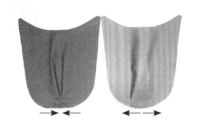

7 表裡側身口袋的摺子倒向錯開固定。

8 再將兩片正面相對，車縫袋口。

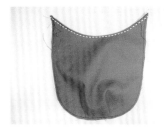  

9 翻回正面，袋口壓線，其餘疏縫固定。

10 側身口袋與側身下方對齊車縫固定，完成兩組。

11 側身可車縫出芽。（依個人喜好）

三、製作表袋身

四、製作裡袋身

12 車縫好口袋的表袋身與表側身沿邊對齊車合。

13 另一邊同作法完成表袋身。

14 依個人使用需求製作裡口袋。

15 裡袋身底部與袋底車合。

16 袋底另一邊再與另一片裡袋身車合，需留一段返口。

17 取裡側身與裡袋身兩側對齊車合。

五、組合袋身

18 製作袋口穿繩。（也可使用現成蠟繩）

19 將穿繩車縫在裡後袋身上方中心。

20 表裡袋身正面相對套合。

21 從正面將裡袋身布平均向上提一點點，可做成裝飾。

22 袋口處壓線一圈固定。

23 安裝提把，並在表袋身適當位置釘好雞眼釦，縫好裡袋返口。

24 穿繩可穿過雞眼釦，當作袋口束口。

25 釘上裝飾皮標，即完成。

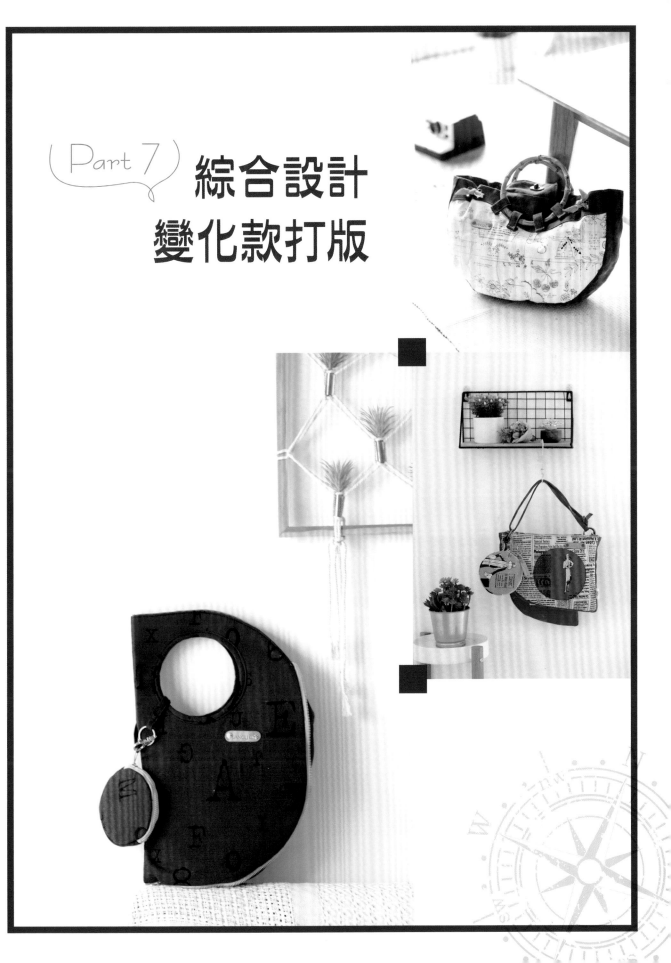

Part 7 綜合設計
變化款打版

尺寸：25×39×8cm（取長邊）

新月手提包

Future Glory

hobo bag

跳脫一般包款設計，以最簡單的方式，呈現較強個人風格的包款。本單元示範由簡單的兩片袋身版，變化出三種風格迥異的包款，藉由此示範，啟發無限的想像力。

繪製版型

（1）包款分析：兩片袋身的組合。
（2）制定袋身尺寸
（3）計算並畫版型

◎依據自己想要的包款大小訂定尺寸。
範例包款尺寸：袋身。
範例裡的包款是以袋身為主的兩片組合。

✤版型畫法

袋身

依照示範的參考尺寸則可得知整個包的範圍大概會在25×39cm中，由於這個包款只需袋身版，因此大小可依照個人的需求或是喜好來設計，且版型上下為對稱型，同樣可以只畫一半的版型；也可以設計成不對稱，本單元使用對稱版示範包款。

①繪製標準方框。
②畫整個版型。
③定袋身圓角R＝15cm。（由於弧度較大，可用大圓規繪製）

袋身版

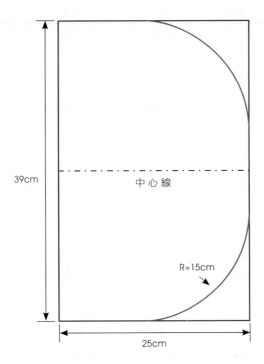

39cm

中 心 線

R=15cm

25cm

④繪製手提的圓型R＝6.5cm，此部分可根據自己手的大小來決定。

⑤此圓型提把位置依個人喜好。

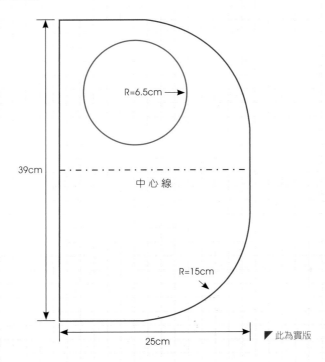

R=6.5cm →

39cm

中 心 線

R=15cm

25cm

▶ 此為實版

◎完成實際版型後即可製作。

◎由於此為實際版型，製作時需外加車縫縫份。

製作包款

❖使用裁片

※所有裁片除標示含縫份外，一律外加縫份，貼襯與否視個人需求。

用布量：約表布2尺、裡布2尺。

（1）袋身：依版型　　　　　表 ×2、裡 ×2
（2）側擋布：8×49cm　　　表 ×1、裡 ×1
（3）裡口袋：視個人需求或喜好裁片製作

紙型B
附版型

❖所需配材

（1）拉鍊：50cm 長 ×1 條（使用長度）
（2）裝飾布標或皮標：隨意

❖製作流程

一、製作袋身

1　將拉鍊車縫固定在袋身側邊。

2　拉鍊另一邊同作法車縫在另一片袋身上。※可使用夾克拉鍊比較好製作。

3　裡袋身依個人使用需求製作內口袋。

二、製作側擋布

4 側擋布兩片頭尾端車好後，直接車縫在裡袋身上，擋布位置只要比拉鍊低就行。
※如果不加擋布也可以，但加擋布可以做出寬度跟變化。

5 側擋布另一邊再與另一片裡袋身車合。

6 裡袋身與表袋身車合，夾車拉鍊的部分。（跟一般車縫拉鍊口布相同）

三、製作提把

7 同作法夾車另一側拉鍊。

8 將提把處的表裡布對齊先車縫固定。

四、組合袋身

9 提把處滾邊，可用車縫或手縫。（使用滾邊布或人字帶均可）

10 滾邊好正面呈現的樣子。

11 將袋身翻到裡袋，直線邊車縫起來。

12 再以人字帶將縫份包邊車縫。

13 翻回正面，加上裝飾皮標等均可，完成。

◎圓型小零錢包，可利用中間的圓版來製作。

變化款 1

二分之一迴旋手挽包

Wristlet Purse

hemicycle

繪製版型

（1）包款分析：兩片袋身的組合，增加側身不同尺寸的裁片，以不同的製作方式變化出另一種包款。
（2）制定袋身尺寸
（3）計算並畫版型

◎依據自己想要的包款大小訂定尺寸。
範例包款尺寸：39×25×8cm

※範例裡的包款是以袋身為主，側身尺寸可依照需求來制定。

◎增加版型為側身版
①側身版為一個長條方形，範例包款底寬為8cm。
②計算整個袋身長度得出76.2cm。
③袋身尺寸為8×76.2cm，可記下尺寸正確裁切即可。

◎運用標準版裡的手提部分圓版1/2當作袋口小袋蓋。

袋蓋

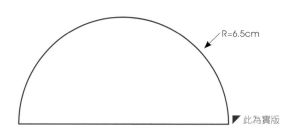

R=6.5cm

▶此為實版

袋身裝飾版

◎此設計可根據個人喜好，示範為參考。
◎以袋身最長邊為基準，繪製想要的裝飾版。
◎袋身裝飾版可做可不做，示範是為增加美感做的設計。

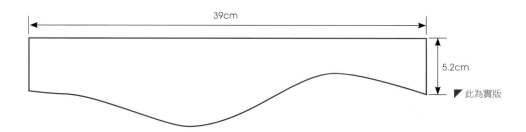

39cm

5.2cm

▶此為實版

◎完成實際版型後即可製作。
◎由於此為實際版型，製作時需外加車縫縫份。

製作包款

✤使用裁片

※所有裁片除標示含縫份外，一律外加縫份，貼襯與否視個人需求。

用布量：約表布2尺、裡布2尺。

（1）袋身：依版型 　　　　　　表 ×2、裡 ×2
（2）表袋身裝飾片：依版型 　　表 ×2
（3）側身布：8×76.2cm 　　　表 ×1、裡 ×1
（4）袋蓋：依版型 　　　　　　表 ×2、裡 ×2（或表 ×4）
（5）提把固定布條：8×7.5cm 　表 ×8
（6）裡口袋：視個人需求或喜好裁片製作

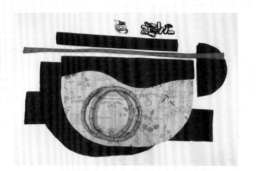

✤所需配材

（1）環狀提把：1 組
（2）雞眼釦：8 組（任何一種形狀）
（3）鎖釦：1 組
（4）固定雞眼釦裝飾帶：依個人喜好
（5）裝飾布標或皮標：隨意

✤製作流程

一、製作袋身與提把

1 表袋身裝飾片下方弧度處縫份折燙。

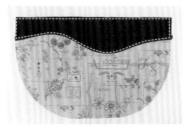

2 車縫固定在表袋身上方。（裝飾布可依個人喜好設計）

3 製作提把固定布，兩邊往中間折燙再對折。可先使用一長布條車縫好後再裁剪。

4 正面沿邊壓線，裁剪成8條。

5 將提把固定帶穿過環狀提把，平均車縫在袋身上方置中處。

二、製作袋蓋

三、製作表袋身

6 取表裡袋蓋正面相對，車縫圓弧邊。

7 翻回正面，沿邊壓線。

8 準備表、裡側身布各一片。

四、製作裡袋身

9 將表側身布與表袋身正面相對車合。

10 翻回正面所呈現的樣子。

11 裡袋身依個人使用需求製作內口袋。

12 將袋蓋車縫固定在裡袋身上方置中處，前後裡袋身各車縫一個。

13 取裡側身布與裡袋身正面相對車合。

14 同作法車合另一片裡袋身，下方需留返口。

五、組合袋身

15 將表裡袋身正面相對套合。

16 袋口處對齊車縫一圈。
※這邊要注意一下提把，邊挪動邊車，不然會卡住無法車縫。

17 翻回正面壓線，同時要注意袋蓋的部分。

5cm 5cm

18 在袋身上方畫出雞眼釦位置，大約在距離側邊每5cm距離即可。

19 釘上雞眼釦。（任何形狀的雞眼釦均可）

20 製作雞眼釦裝飾帶，長短大小可穿過雞眼釦即可。

21 穿入雞眼釦裝飾帶打結固定。

22 袋蓋裝上鎖釦。

23 裡袋返口縫合，表袋身釘上裝飾皮標，完成。

變化款 2

風尚隨興側背組合包

Shoulder Bag

sector

繪製版型

（1）包款分析：兩片袋身的組合，以1/2版型不同方向製作成的組合包款，增加側身不同尺寸的裁片，讓簡單的版型變化更豐富。

（2）制定袋身尺寸

（3）計算並畫版型

◎依據自己想要的包款大小訂定尺寸。

範例包款尺寸：25×19.5×2cm

　　　　　　　19.5×25×2cm（不同方向）

※範例裡的包款是以袋身為主，側身尺寸可依照需求來制定。

◎增加不同方向的側身版

①側身版為一個長條方形，範例包款底寬為2cm。

②計算袋身長度得出兩個不同方向的尺寸。

　❶以19.5cm為拉鍊邊，側身長63.1cm

　❷以25cm為拉鍊邊，側身長57.6cm

③記下尺寸正確裁切即可。

　以19.5cm為拉鍊邊，側身為2×63.1cm

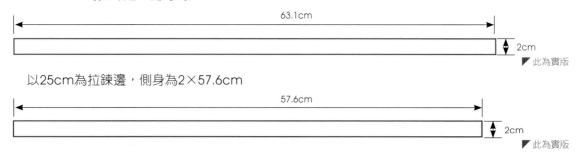

63.1cm

2cm

▶此為實版

以25cm為拉鍊邊，側身為2×57.6cm

57.6cm

2cm

▶此為實版

◎完成實際版型後即可製作。

◎由於此為實際版型，製作時需外加車縫縫份。

製作包款

♣ 使用裁片

※所有裁片除標示含縫份外，一律外加縫份，貼襯與否視個人需求。

用布量：約表布2尺、裡布2尺。

（1）袋身：依版型不同方向　　表 ×2、裡 ×2（共 2 組）

（2）側身布：2×63.1cm　　　表 ×1、裡 ×1

　　　　　　　2×57.6cm　　　表 ×1、裡 ×1

（3）拉鍊擋布：3×4～5cm　　表 ×4

（4）裡口袋：視個人需求或喜好裁片製作

♣ 所需配材

（1）15cm、20cm 拉鍊：各 1 條（均為使用長度）

（2）裝飾布標或皮標：隨意

（3）雞眼釦：4～6 組

（4）包邊人字帶：約 1 碼

（5）背帶或手挽帶：自製或市售均可

♣ 製作流程

一、製作表裡袋身

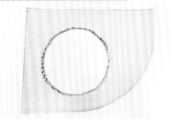

1 若做表袋身裝飾，可先將中間圓形的版型挖空，縫份剪牙口一圈並內折燙好。

2 再將圖案置於其中車縫一圈固定。

3 裡袋身依個人需求製作好內口袋。

二、製作開口拉鍊

4 將拉鍊頭尾端車縫好拉鍊擋布。

5 取同方向的表裡袋身長邊夾車20cm拉鍊,並翻回正面壓線,另一邊同作法完成。

6 再取另一方向的表裡袋身短邊夾車15cm拉鍊,翻回正面壓線。

7 表裡袋身對齊疏縫固定,共完成不同方向的兩組。

三、製作側身

8 側身布兩兩正面相對,兩端短邊車合,翻回正面壓線。

9 將長邊對齊好疏縫固定。

10 在袋身上方側邊車縫一片掛耳布,大小可釘上雞眼釦即可。

四、組合袋身

11 袋身與側身正面相對,沿邊對齊車縫固定。

12 接合側身時直角邊需剪一刀,從正面看車縫角度才會平整。

13 側身另一邊同作法車合另一片袋身。

14 不同方向的袋身同作法接合，縫份以人字帶包邊。

15 翻回正面，袋身整理後，邊角仍然是呈現直角狀態。

16 在掛耳布及袋身另一邊上方，分別釘上雞眼釦。

17 以任何背帶或手挽帶穿入雞眼釦，任意搭配組合均可。

18 表袋身釘上裝飾皮標即完成。

◎圓形小包為運用中間的圓形版製作。（此不做示範，依個人需求製作）

國家圖書館出版品預行編目（CIP）資料

打版必學!同版雙包大解密：同版型不同包款的打版秘訣
／淩婉芬作.－初版.－新北市：飛天手作, 2018.06
　　面；　公分.－（玩布生活；23）
ISBN 978-986-94442-7-9（平裝）

1.手提袋　2.手工藝

426.7　　　　　　　　　　　　　107006286

玩布生活23

打版必學！同版雙包大解密
同版型不同包款的打版秘訣

作　　　者／淩婉芬
總 編 輯／彭文富
主　　　輯／潘人鳳
美術設計／曾瓊慧
攝　　　影／詹建華
紙型繪圖／菩薩蠻數位文化

出版者／飛天手作興業有限公司
地址／新北市中和區中正路872號6樓之2
電話／（02）2222-2260‧傳真／（02）2222-2261
廣告專線／（02）2222-7270‧分機12 邱小姐
教學購物網／www.cottonlife.com
Facebook／https://www.facebook.com/cottonlife.club
E-mail／cottonlife.service@gmail.com
■發行人／彭文富
■劃撥帳號／50381548　■戶名／飛天手作興業有限公司
■總經銷／時報文化出版企業股份有限公司
■倉　　庫／桃園縣龜山鄉萬壽路二段351號
初版／2018年06月
定價／380元
ISBN／978-986-94442-7-9

版權所有，翻印必究

◎本書如有缺頁、破損、裝訂錯誤，請寄回本公司更換　　　　Printed in Taiwan